AF262367

DE LA DÉCLARATION OBLIGATOIRE

DE

LA TUBERCULOSE

DE LA

DÉSINFECTION OBLIGATOIRE ET GRATUITE

PAR

Le Dr E. OZENNE

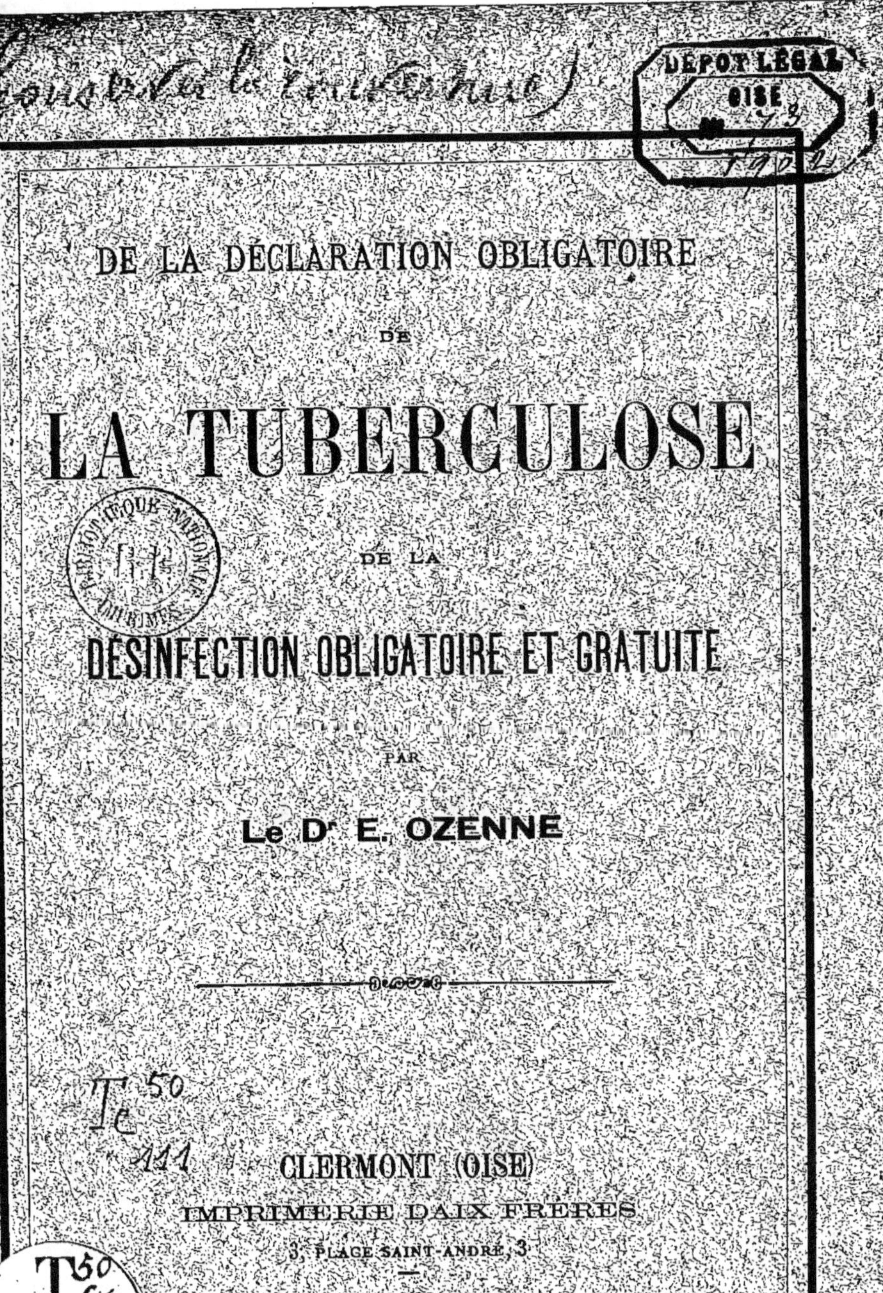

CLERMONT (OISE)

IMPRIMERIE DAIX FRÈRES

3, PLACE SAINT-ANDRÉ, 3

1901

DE

LA DÉCLARATION OBLIGATOIRE DE LA TUBERCULOSE

DE

LA DÉSINFECTION OBLIGATOIRE ET GRATUITE [1]

Par le Dr E. OZENNE

Lorsqu'une question touche à l'intérêt général et revêt par sur-croît un caractère d'humanité sociale, c'est un devoir pour tout médecin de ne pas s'en désintéresser.

C'est à ce titre que je vous demande la permission de m'occuper aujourd'hui de la question de la déclaration obligatoire de la tu-berculose, que notre collègue Berthod a apportée et combattue à cette tribune.

Je ne m'attarderai pas à retracer un tableau de l'évolution crois-sante de cette maladie depuis un certain nombre d'années, ni à vous exposer en détail, ce que de nombreux documents ont bien fait ressortir, les ravages qu'elle cause dans les villes et son extension de jour en jour plus générale dans les populations ru-rales.

Parmi les fléaux qui nous déciment, il n'en est pas un plus re-doutable, puisque à lui seul il tue plus que tous les autres réunis.

Que les causes en soient multiples, il n'y a pas à le mettre en doute ; mais il n'en reste pas moins établi, d'après les travaux de ces dernières années, que sa généralisation par propagation con-tagieuse est un fait indiscutable.

A l'heure actuelle, de par cette contagion, la tuberculose est

(1) Communication à la Société médicale du IXe arrondissement, 21 mars 1901.

en train de se disséminer, malgré les quelques efforts individuels qui ont abouti à la création de Sociétés, fonctionnant plutôt dans un but thérapeutique que préventif.

Or, dans cette guerre de défense sociale que les intérêts sanitaires de la nation commandent de poursuivre à outrance, *la déclaration obligatoire doit-elle et peut-elle être l'un des moyens que l'on a le droit de mettre en œuvre*, en cas de tuberculose des voies aériennes ?

Dès lors qu'un tuberculeux est un être dangereux, à quelque degré que ce soit, pour qui l'approche, la Société a le devoir de s'opposer à la contamination de ses autres membres, en exigeant la mise en pratique des moyens qui lui paraissent les plus préservateurs.

Il s'ensuit donc que tout tuberculeux doit être connu, si l'on veut que les mesures prophylactiques, dans le détail desquelles je n'ai pas à entrer aujourd'hui, puissent être appliquées d'une façon générale et de manière à être efficaces, car il ne faut pas oublier que, quelle que soit l'issue de la maladie, le tuberculeux ne guérit ou ne meurt qu'après avoir été un agent actif de la propagation de son affection.

Pour cette seule raison la déclaration obligatoire s'impose.

Je n'ignore pas qu'on a élevé différentes objections contre cette déclaration des maladies contagieuses. Quelques-unes d'entre elles n'ont, en réalité, que bien peu de valeur.

Ainsi on a prétendu que, malgré cette déclaration, certaines de ces maladies n'avaient pas diminué de fréquence. Cette affirmation paraît vraisemblable, lorsqu'on ne considère qu'une courte période de temps, mais elle est erronée si la comparaison porte sur un certain nombre d'années. -

Il résulte en effet de cette comparaison que ces maladies sont devenues non seulement moins graves, mais encore moins fréquentes grâce aux progrès de l'hygiène et de l'antisepsie, à la vulgarisation de laquelle la déclaration n'est pas restée étrangère.

Les adversaires de cette déclaration arguent encore de la fréquence de ces maladies, qu'elle est une mesure dénuée d'une réelle efficacité.

L'argument n'aurait de véritable valeur que si aucun cas de maladies contagieuses n'échappait à la déclaration. Or, nous savons qu'il n'en est pas ainsi et que, chaque jour, un certain nombre d'entre eux ne sont pas déclarés pour des raisons qui n'ont rien à voir avec l'intérêt général.

Le fait est doublement regrettable, car, d'une part, il est l'une des causes qui contribue à se mettre en travers des efforts tentés pour enrayer la dissémination de la contagion et, d'autre part, il perpétue cette fausse idée que la déclaration est une mesure inutile.

Qu'on l'applique dans toute sa rigueur et, comme pour toute mesure qui a sa raison d'être, elle produira de bons résultats, qui viendront démontrer, mieux que tout autre argument, qu'on agit humainement en voulant l'imposer pour la plupart des maladies contagieuses.

D'ailleurs, c'est ce qu'une partie du public a bien compris à propos des fièvres éruptives, de la fièvre typhoïde, de la diphtérie, etc., et il n'est que juste de rappeler que les préventions des premiers jours sont tombées.

L'opposition du début a disparu et maintenant on accepte sans trop de difficultés la déclaration et son corollaire la désinfection, surtout depuis que l'idée de la contagion, en se généralisant, a fait penser au danger personnel auquel on est exposé.

S'il en est ainsi, pourrait-on m'objecter, il y aurait donc lieu de compter sur la bonne volonté privée, sans avoir recours à aucune mesure obligatoire.

L'argument serait certainement inattaquable, s'il s'agissait toujours de certaines couches aisées de la Société, où le bien-être habituel a fait de chacun de ses membres un égoïste. Dans ce milieu les mesures de défense prophylactiques peuvent à la rigueur être appliquées d'une manière efficace.

Mais il n'en est pas de même là où les conditions de la vie sont toutes différentes, c'est-à-dire, sans parler de la classe ouvrière qui s'hospitalise, au sein de ces familles, de moyenne aisance, dont chaque membre a sa part réglée dans les travaux de chaque jour.

Lorsqu'une maladie contagieuse envahit l'un de ces intérieurs, si l'on songe que, dans bien des cas, ce ne sont pas les parents, mais des mercenaires qui restent auprès des malades, il est inadmissible de croire qu'il n'y aura pas d'infraction aux mesures prophylactiques, et j'ajouterai : ces infractions seront surtout fréquentes, s'il s'agit, comme dans la tuberculose, d'une maladie de longue durée.

N'est-ce pas là une raison largement suffisante pour légitimer l'obligation de la déclaration de cette maladie ? Et j'ai quelque idée qu'elle sera assez volontiers acceptée, si j'en juge par les progrès chaque jour croissants de la microbiophobie et si la désinfection est inscrite au budget national.

Mais, dans l'espèce, cette déclaration obligatoire peut-elle avoir lieu sans inconvénients et sera-t-elle efficace ?

Je ne discuterai pas la question du secret professionnel, que l'on a fait valoir à titre d'objection. Ce serait, en effet, une objection de très grande valeur et suffisante pour que tout médecin se refuse à faire la déclaration.

Mais, à notre avis, ce n'est pas à lui que devrait en incomber le soin ; c'est au chef de famille ou à toute autre personne désignée, suivant les circonstances, par la loi. Le rôle du médecin ne devrait consister qu'à prévenir qu'il s'agit d'une maladie contagieuse.

Il serait même à souhaiter qu'il en fût ainsi pour toutes les maladies contagieuses soumises à la déclaration et je ne verrais même pas la nécessité, du moins pour quelques-unes d'entre elles, qu'il fût fait mention du nom de la maladie. La simple rubrique « *Maladie contagieuse* » devrait suffire.

Ce serait un moyen d'éviter une révélation qui peut être préjudiciable aux autres membres de la famille, bien que pourtant on ne doive pas se dissimuler que, la plupart du temps, dès le début de l'affection, la voix publique en a répandu la nouvelle.

Et de plus, en n'exigeant pas la déclaration du médecin lui-même, qui ne doit relever que de sa conscience et de la confiance de ses clients, on ne porterait atteinte ni à sa dignité ni à son indépendance.

A ces conditions qui seraient une sauvegarde pour la dignité de tous les intéressés, la déclaration obligatoire me semble tout aussi applicable pour la tuberculose que pour les autres maladies.

Quant à son utilité, elle ne sera pas contestable, le jour où l'on sera parvenu à organiser, partout où cela sera nécessaire, un service régulier de désinfection, dont personne ne peut mettre en doute l'efficacité, quand elle est rationnellement appliquée.

Assurément cette organisation ne peut se faire en quelques jours, mais ce n'est pas une raison pour ne pas la poursuivre, puisque les premiers essais, aussi bien en France qu'à l'étranger, sont plutôt encourageants.

Si tous les tuberculeux pouvaient être isolés et confinés dans des établissements spéciaux, il serait assez facile de mettre en pratique avec succès les mesures de désinfection.

On arriverait ainsi à un double résultat : Empêcher la maladie de se propager et guérir une partie des tuberculeux, qui ne sont pas parvenus à la dernière période.

C'est ainsi qu'on l'a compris en Allemagne où, depuis quelques années, un certain nombre de Compagnies d'assurances, de villes, de communes, d'industriels ont pris l'initiative de fonder des sanatoriums pour malades pauvres et pour malades riches.

Le résultat en a été le suivant : Dissémination moindre de la maladie : Guérison d'un certain nombre de malades : Et grande économie pour les Sociétés mutuelles et pour les Compagnies d'assurances en particulier, dont les caisses étaient ruinées par les dépenses que nécessitaient la durée interminable de la maladie et les rentes qu'elles devaient faire ensuite aux familles.

« Les assurances allemandes, écrit le D\u1d63 Léon Petit (1), n'ont reculé devant aucune dépense pour édifier de nombreux sanatoriums et soigner tous leurs tuberculeux, et, comme elles en guérissent un bon tiers, il s'est trouvé, en fin de compte, qu'elles ont réalisé un bénéfice évalué par le Bureau d'hygiène de l'empire, à 8.875.000 francs par an, déduction faite de tous les frais de traitement et de l'intérêt des capitaux engagés. »

Ces tentatives, qui se multiplient chaque jour, n'ont encore profité, en Allemagne, qu'à un petit nombre de malades, mais elles ont eu cet avantage considérable d'annihiler en partie la propagation de la maladie et certainement elles n'ont pas été sans influence sur la guerre actuellement déclarée contre la contagion tuberculeuse en Angleterre, en Amérique, en Suisse, en Italie, en Norvège.

Par le fait des nouvelles lois sanitaires la désinfection est prescrite dans ces pays, non seulement à l'égard des établissements publics, mais encore partout où un tuberculeux a séjourné.

Je me demande pour quelle raison il n'en pourrait être de même en France.

Il semble bien qu'éclairés par les résultats dus à l'initiative privée, les pouvoirs publics vont enfin entrer dans cette voie de sage prévoyance. Souhaitons donc que l'on ne s'arrête pas aux quelques réformes que l'on vient de prescrire dans les douanes, dans l'armée et en particulier dans les postes, sous l'inspiration de notre collègue, le D\u1d63 Mignot.

Il est nécessaire d'étendre ces mesures de prophylaxie à tous les milieux collectifs, à tous les endroits contaminés. C'est à ce prix que l'on aura quelques chances d'arrêter la propagation de la maladie, partout où elle aura pu laisser quelques traces de son passage.

Nous n'avons pas à nous dissimuler que cette tâche ne sera pas sans difficultés, même en supposant que notre esprit, naturellement frondeur, ne vienne apporter aucune entrave. Car, s'il n'y a pas de raisons sérieuses qui, en ce qui concerne les collectivités, l'empêchent d'être suivie de succès, comme le prouvent les essais faits en Allemagne, il est à craindre qu'elle échoue, lorsqu'il s'agira de certaine classe de malades privés.

C'est une objection que font valoir quelques médecins, qui ont l'espoir de pouvoir convaincre le public et de l'amener, quand il

(1) D\u1d63 Léon Petit. In *Bulletin de l'œuvre des enfants tuberculeux*, n° 62, 1901, p. 19.

aura reconnu le danger de la contagion et l'utilité des moyens prophylactiques, à accepter et à appliquer de lui-même ces moyens ; et ils en concluent à l'inutilité de la déclaration et de la désinfection obligatoires.

J'avoue n'avoir pas la même confiance et lors même que l'avenir nous prouverait que cette confiance est en partie justifiée, il est certain qu'il faudrait attendre de nombreuses années pour arriver à une désinfection à peu près générale.

Une pareille perspective, en présence des progrès désastreux de la tuberculose, est bien peu propre à entraîner la conviction. Aussi n'est-il pas surprenant que l'on veuille avoir recours à des moyens d'action plus rapides et que l'on tente des réformes de salubrité publique.

Telles qu'on propose de les appliquer, elles ne seront certainement pas inefficaces, mais elles n'acquerront, en réalité, leur maximum d'effet que le jour où elles s'appliqueront à toutes les collectivités et où la plupart des tuberculeux pourront être soignés dans des sanatoriums ou bâtiments (peu importe le nom) ouverts à tout médecin traitant.

La sanatorisation rurale ou subordonnée à un climat spécial, malgré ses avantages, n'est pas la condition *sine qua non* de la guérison.

Cette guérison peut être obtenue et est obtenue dans les villes, et, comme le démontrent différentes expériences contradictoires sur cobayes inoculés et transportés à diverses altitudes, il y a lieu de modifier les opinions qui ont cours sur les conditions de la curabilité de la tuberculose.

Ce que l'on a déjà fait dans un certain nombre de villes françaises et étrangères est à même de nous renseigner et de nous prouver que, dans cette cure, à côté de l'action atmosphérique, il y a d'autres facteurs, tout aussi importants, qui entrent en jeu et qui réclament toute l'attention et la surveillance du médecin.

On conçoit donc bien qu'en dehors des sanatoriums, dépendant de l'Etat, et des sanatoriums ruraux, accessibles seulement à un petit nombre de malades, il devrait exister aux portes de chaque ville des établissements spéciaux, privés et publics, construits ou organisés dans les meilleures conditions de salubrité et destinés à recevoir les malades, qui ne veulent ou ne peuvent pas quitter le lieu de leur résidence habituelle.

Il en résulterait une facilité beaucoup plus grande et moins coûteuse de la désinfection, en même temps qu'une simplification de la mise en pratique des mesures prophylactiques.

Quelle que soit la solution que l'avenir nous réserve à ce point de vue, le péril n'en existe pas moins menaçant pour le moment.

Aussi je crois qu'il est de notre devoir de favoriser tout moyen capable de s'opposer à la propagation de la tuberculose et de diminuer la mortalité effrayante qu'elle détermine, en frappant l'homme à l'âge où s'exerce au maximum son rendement social.

La déclaration obligatoire et la désinfection obligatoire et gratuite me paraissent être les mesures qui doivent conduire le plus promptement au succès. Il ne faut, pour les réaliser, qu'une juste conception de l'économie sociale et une dépense de quelques millions que, dans la circonstance, l'on ne doit pas faire entrer en ligne de compte.

Clermont (Oise). — Imp. Daix frères.